AF692156

Las formas en nuestro mundo

- Busca fotos de cosas vivas o inanimadas bidimensionales o tridimensionales.
- Recorta las fotos.
- Pega las fotos en papel de construcción para hacer un collage.
- Etiqueta las figuras en cada foto.
- Escribe el número de vértices al lado de cada figura.

Materiales:

- revistas
- tijeras
- modelos
- bloques geométricos
- pega/papel

cilindro

rectángulo

Science

Shapes in Our World

- Find pictures of two-dimensional or three-dimensional living and nonliving things.
- Cut out the pictures.
- Glue the pictures on construction paper to make a collage.
- Label the figures in each picture.
- Write the number of vertices next to each shape.

Materials:

- magazines
- scissors
- models
- pattern blocks
- glue/paper

cylinder

rectangle

Arte

Forma un superhéroe

- Crea un superhéroe.
- Trata de usar tantas figuras como puedas.
- Comparte tu superhéroe con un compañero.
- Explica qué tipo de superhéroe es.
- Señala y di los nombres de cada una de las figuras usadas.

Materiales:

- figuras de papel

Art

Shape Super Hero

- Create a super hero.
- Try to use as many shapes as possible.
- Share your super hero with a classmate.
- Explain what kind of super hero it is.
- Point out and say the names of each of the shapes used.

Materials:

- paper shapes

Arte

¿Dónde está?

- Dibuja un armario.
- Pon estantes en el armario.
- Dibuja un par de zapatos en el estante de en medio.
- Dibuja un juguete que te gustaría tener debajo del par de zapatos.
- Dibuja el crayón de tu color favorito encima del par de zapatos.

Materiales:

- crayones
- papel para dibujar

Art

Where Is It?

- Draw a closet.
- Put shelves in the closet.
- Draw a pair of shoes on the middle shelf.
- Draw a toy you wish you had below the pair of shoes.
- Draw your favorite colored crayon above the pair of shoes.

Materials:
- crayons
- drawing paper

Arte

Arte con frijoles

- Pon los frijoles secos mezclados en el plato.
- Clasifica los frijoles por color.
- Pega los frijoles en el plato en grupos de colores.

Materiales:

- platos de papel
- frijoles secos mezclados
- pega

Art

Bean Art

- Place mixed dried beans on the plate.
- Sort the beans by color.
- Glue the beans in color groups on the plate.

Materials:

- paper plates
- mixed dried beans
- glue

Salud

Comparando meriendas

- Escoge y nombra dos meriendas.
- Compara las meriendas usando una balanza.
- Nombra cuál merienda es más pesada y cuál es más ligera.

Materiales:

- manzana
- banana
- zanahoria
- balanza de pesos

Comparing Snacks

- Choose and name two snacks.
- Compare the snacks using a balance.
- Name which snack is heavier and which snack is lighter.

Materials:

- apple
- banana
- carrot
- balance scale

Cosa de investigación

- Con un compañero, busca cosas para contar. Primero, cuenta el número de crayones en tu escritorio. Anota el número.
- Luego, busca y cuenta cada una de las cosas de esta lista: libros en un estante, sillas en el salón y estudiantes con zapatos de tenis.
- Anota todos los resultados en tu papel. Comparte tu lista con la clase.

Materiales:

- papel para resultados
- lápiz
- cosas en el salón

Creyones - 11

Libros - 9

Sillas - 20

Zapatos Tenis - 13

Science

Investigation Item

- Go on a counting hunt with a partner. First, count the number of crayons in your desk. Record the number.
- Next, find and count each of the items on this list: books on a shelf, chairs in the room, students with tennis shoes.
- Record all the results on your sheet. Share your list with classmates.

Materials:
- record sheet
- pencil
- classroom items

Crayons - 11

Books - 9

Chairs - 20

Tennis Shoes - 13

Ponlos en la bolsa

- Mira el número en la bolsa.
- Pon ese número de bloques geométricos en la bolsa. Saca los bloques de geométricos y ponlos en el marco de10.
- Da vuelta a la bolsa.
- Escribe el número en el otro lado de la bolsa.

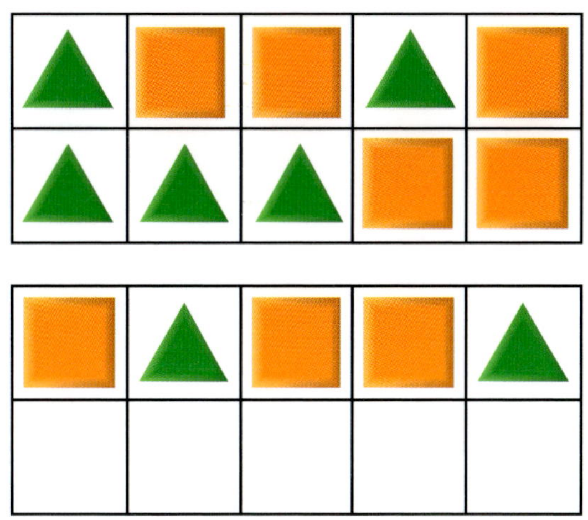

Materiales:

- Marco de 10
- bloques geométricos
- bolsas
- marcadores

Language Arts

Bag It

- Look at the number on the bag.
- Place that many pattern blocks in the bag. Remove the pattern blocks and put them on ten-frames.
- Turn the bag over.
- Write the number on the other side of the bag.

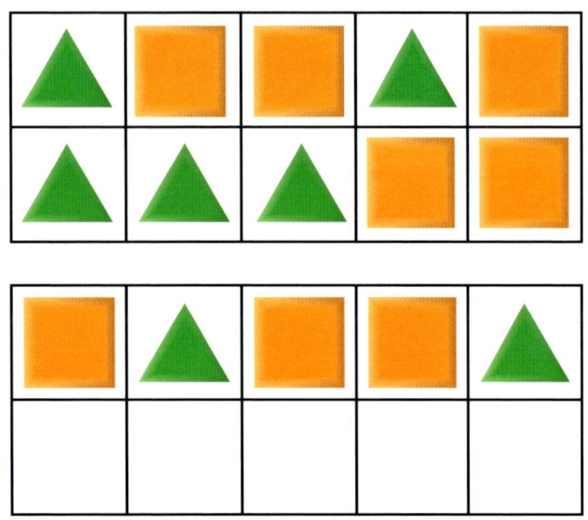

Materials:
- Ten-Frames
- pattern blocks
- bags
- markers

Artes del Lenguaje

Libro de cuentos de restar

Materiales:

- papel
- crayones

- Dobla una hoja de papel.
- Escribe una "?".
- Dibuja un grupo de 9 animales o menos.
- Dibuja un grupo de 8 animales o menos "caminando lejos." Escribe el número.
- Dibuja los animales que quedan. Escribe el número.

5 se llevan 1 es 4

Take Away Story Book

- Fold a sheet of paper in half.
- Write a "?".
- Draw a group of 9 animals or fewer. Write the number.
- Draw a group of 8 animals or fewer "walking away." Write the number.
- Draw how many animals are left. Write the number.

Materials:

- paper
- crayons

5 take away 1 is 4

Misterio musical

- Dibuja un cuento de unión usando dos conjuntos de objetos musicales.
- Escribe cuántos en total en el dorso de tu papel.
- Comparte tu cuento con un compañero.
- Haz que tu compañero encuentre la respuesta.

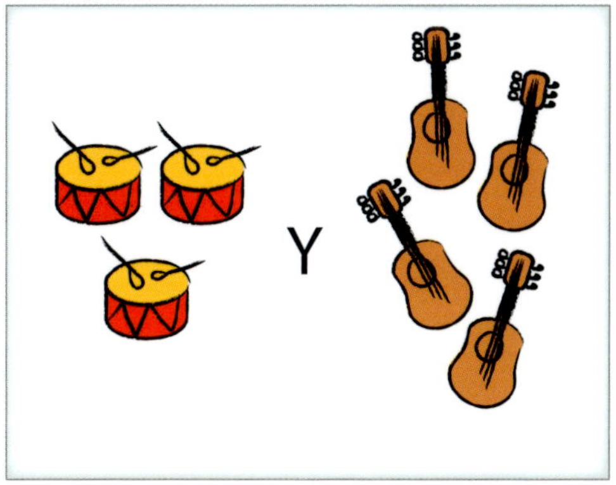

Materiales:
- papel
- crayones

Musical Mystery

- Draw a joining story using two sets of musical objects.
- Write how many in all on the back of your paper.
- Share your story with a partner.
- Have your partner find the answer.

Materials:
- paper
- crayons

Arco iris numérico

- Dibuja un arco iris usando 11 cuadrados.
- Escribe de 0 hasta 10 en los cuadrados.
- Tira dos cubos numéricos. Di cuántos en total.
- Colorea ese cuadrado numérico en el arco iris.
- Sigue hasta que todos los cuadrados estén llenos.

Materiales:

- dos 0–5 cubo numérico
- cubos conectivos
- crayones
- papel

Science

Number Rainbow

- Draw a rainbow using 11 squares.
- Write 0 to 10 on the squares.
- Roll two number cubes. Say how many in all.
- Color that number square on the rainbow.
- Continue until all squares are filled.

Materials:

- two 0–5 number cubes
- connecting cubes
- crayons
- paper

Los números en la naturaleza

- Di el número. Colecciona ese número de objetos.
- Alinea 10. Alinea el resto.
- Escribe cuántos objetos alineaste.
- Escoge una tarjeta nueva. Repite la actividad.

Materiales:

- tarjetas numéricas de 11-20
- objetos pequeños de la naturaleza: hojas, rocas, nueces, semillas

Science

Nature Numbers

- Say the number. Collect that many objects.
- Line up 10. Line up the rest.
- Write how many objects you lined up.
- Pick a new card. Do the activity again.

Materials:

- number cards 11–20
- small nature objects: leaves, rocks, nuts, seeds

Cuento de números

- Corta fotos de una revista.
- Crea un libro de números.
- Cuenta un cuento y di el número de plantas y animales en cada página.

Materiales:

- fotos de plantas y animales
- pega
- papel para dibujar
- grapadora
- cartel

Number Story

- Cut pictures out of magazines.
- Create a number book.
- Tell a story and say the number of plants and animals on each page.

Materials:

- pictures of plants and animals
- glue
- drawing paper
- stapler
- poster board

Arte

Haz un dibujo

- Haz 5 dibujos.
- Pega entre 0 y 5 frijoles, cuentas o botones en cada dibujo.
- Ordena los dibujos por cuántos frijoles, cuentas o botones que esta en cada dibujo.
- Escribe el número de frijoles, cuentas o botones.

Materiales:

- papel para dibujar
- crayones
- pega
- frijoles, cuentas o botones

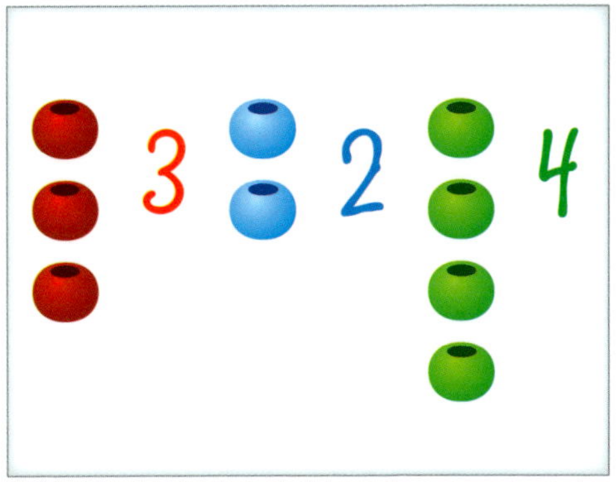

Art

Make a Picture

- Draw 5 pictures.
- Glue 0 to 5 beans, beads, or buttons on each picture.
- Order the pictures by how many beans, beads, or buttons are on each picture.
- Write the number of beans, beads, or buttons.

Materials:

- drawing paper
- crayons
- glue
- beans, beads, buttons

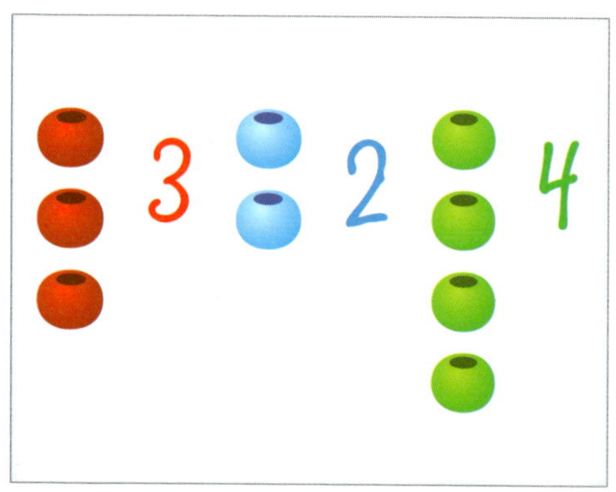